Rotes Heft 403

Halligan-Tool

von

Björn Liedtke

Hauptbrandmeister Berufsfeuerwehr Bielefeld

4., überarbeitete Auflage

Verlag W. Kohlhammer

Der Verfasser hat große Mühe darauf verwendet, dass die Angaben und Anweisungen dem jeweiligen Wissensstand bei Fertigstellung des Werkes entsprechen. Weil sich jedoch die technische Entwicklung sowie Normen und Vorschriften ständig im Fluss befinden, sind Fehler nicht vollständig auszuschließen. Daher übernehmen der Autor und der Verlag für die im Buch enthaltenen Angaben und Anweisungen keine Gewähr.

Die Abbildungen stammen – soweit nicht anders angegeben – vom Autor.

4., überarbeitete Auflage 2026

Gesamtherstellung:
W. Kohlhammer GmbH, Heßbrühlstr. 69, 70565 Stuttgart
produktsicherheit@kohlhammer.de

Print:
ISBN 978-3-17-045194-0

E-Book-Formate:
pdf: ISBN 978-3-17-045196-4
epub: ISBN 978-3-17-045197-1

Inhaltsverzeichnis

1 Einleitung

Insbesondere bei Einsätzen zur Rettung von Menschenleben ist ein schnelles, zielgerichtetes und angepasstes Vorgehen erforderlich. Das zügige und zuverlässige Überwinden von Hindernissen auf dem Weg zum Ereignisort ist dabei von entscheidender Bedeutung. Hierbei hat sich das Halligan-Tool mit seinen vielfältigen Anwendungsmöglichkeiten innerhalb vieler Einsatzszenarien als sehr effektives Einsatzmittel erwiesen.

Seit seiner Erfindung durch Chief Hugh A. Halligan vom Fire Department New York in den 1940er-Jahren ist dieses einfache, robuste und zugleich extrem variantenreiche Werkzeug in seiner Grundgestaltung nahezu unverändert geblieben. Hauptsächlich für die Verwendung bei einem Brandeinsatz konstruiert, reichen seine Einsatzmöglichkeiten auch weit in den Bereich der Technischen Hilfeleistung hinein.

Das Halligan-Tool hat in den letzten Jahren zunehmend Verbreitung bei den Feuerwehren gefunden. Dies spiegelt sich unter anderem in einer Aufnahme in verschiedene Beladepläne deutscher Norm-Feuerwehrfahrzeuge wider. Um das Halligan-Tool und seine Hilfsmittel sachgerecht und folgerichtig einsetzen zu können, ist es notwendig, ausreichende Fachkenntnisse über die verschiedenen Einsatzmöglichkeiten zu erwerben, bestehendes Wissen zu vertiefen und eine praktische Verwendung im laufenden Übungsbetrieb zu etablieren.

Richtig angewendet, steht mit dem Halligan-Tool ein äußerst effizientes und universelles Werkzeug für den Feuerwehreinsatz zur Verfügung, das in seiner Art und Vielfältigkeit einzigartig ist.

1 Einleitung

Die in diesem Heft behandelten Einsatzmöglichkeiten erheben keinen Anspruch auf Vollständigkeit, sie geben vielmehr den derzeitigen Kenntnisstand des Verfassers wieder. Auch kann keine Gewähr für den Erfolg einer beschriebenen Maßnahme übernommen werden; zu groß sind die Varianten an Bauformen, Umgebungsbedingungen und anderen Einflüssen. Vielmehr sollen die folgenden Ausführungen als Grundmöglichkeiten verstanden werden, um das gewünschte Ziel erreichen zu können. Gegebenenfalls sind die beschriebenen Maßnahmen auf die jeweilige Situation hin anzupassen.

Den Ruf, lediglich eine bessere Brechstange zu sein, trägt das Halligan-Tool zu Unrecht. Vielmehr stellt es eine sinnvolle Bereicherung der bekannten Ausrüstung dar. Sein großes Einsatzspektrum macht es unverzichtbar für den Feuerwehreinsatz.

2 Beschreibung

Das Halligan-Tool ist grundsätzlich die besondere Bauform einer Brechstange. Das breite Einsatzspektrum ergibt sich durch das kompakte Format sowie durch die unterschiedlichen Werkzeugausstattungen, Längen und Materialien (▶ Anhang).

Die charakteristische Grundform des Halligan-Tools ist immer gleich. An einer Stange befinden sich jeweils drei verschiedene Werkzeugausstattungen. Ein Ende der Stange ist mit einem im 90°-Winkel zur Grundstange angebrachten Runddorn und einer Querschneide versehen. Für die gegenüberliegende Seite werden zwei Ausstattungsvarianten angeboten (▶ Bild 1): zum einen die Ausführung mit einer Metallschneidklaue (Blechaufreißer), zum anderen die Ausführung mit einer Hebelklaue. Die Werkzeuge sind entweder durch Splinte fest mit der Stange verbunden oder sie sind miteinander verschweißt. Aus einem Stück geschmiedete Varianten runden das erhältliche Angebot ab. In den Schaft können Rillen, Rauten o. Ä. eingefräst sein, die den Grip erhöhen, um ein Abrutschen während der Verwendung zu verhindern.

Für jedes einzelne Werkzeug sind jeweils definierte, gegenüberliegende Schlagflächen vorgesehen. Dadurch besteht die Möglichkeit, diese bei Bedarf in verschiedene Strukturen mit einem entsprechend geeigneten Schlagwerkzeug einzuschlagen (▶ Kapitel 3), um z. B. enge Spalten aufweiten oder einen festen Sitz für eine Hebelanwendung erlangen zu können.

Auf dem Markt sind verschiedene Tools von zahlreichen Herstellern erhältlich, aus markenrechtlichen Gründen finden dabei oft unterschiedliche Namensgebungen Verwendung. Die Härte und die Qualität der verwendeten Materialien variieren dabei ebenfalls, teilweise mit erheblichen Einschränkungen bei der Festigkeit und der Langlebigkeit. So sind auch Produkte zu beobachten, die den hier beschriebenen Vorgehensweisen nicht immer unbeschadet standhalten.

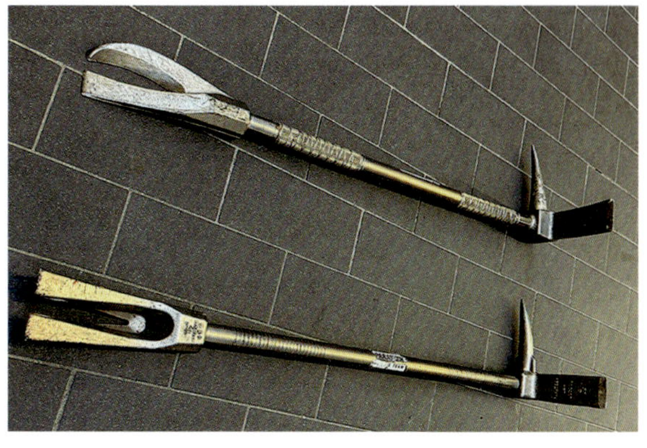

Bild 1: ***Halligan-Tool mit Metallschneidklaue (oben) und Halligan-Tool mit Hebelklaue (unten)***

Die einzelnen Werkzeuge können unterschiedlich ausgestaltet sein. Das Angebot reicht von schlanken oder kegelförmigen Dornen über abweichende Schenkelformen der Hebelklauen bis hin zu flachen oder eher keilförmigen Schneiden. Halligan-Tools bestehen aus gehärtetem Stahl oder aus Aluminiumlegierungen, es kann aber auch nicht-funkenreißendes Kupfer-

Beryllium verwendet werden. Für elektrisch nicht-leitfähige Eigenschaften kommen spezielle Legierungen zum Einsatz.

Bei einer Verwendung mit ergänzenden Werkzeugen und Hilfsmitteln kann das Einsatzspektrum eines Halligan-Tools noch deutlich erweitert werden.

Die Ausführung mit einer Hebelklaue, einem Dorn und einer keilförmigen Schneide wird am häufigsten verwendet, sie hat sich somit als das »Standard-Tool« etabliert.

2.1 Sonderformen

Das erhältliche Angebot an Varianten wird durch Tools aus nicht-funkenreißenden Materialien, in leichten Ausführungen zur Gewichtsreduzierung und – für Feuerwehren von eher untergeordneter Bedeutung – in taktischen Farbgebungen für Sondereinsatzkommandos der Polizei und des Militärs abgerundet.

2.2 Kelly-Tool

Bei einem Kelly-Tool handelt es sich – vereinfacht gesagt – um ein Halligan-Tool ohne Dorn (▶ Bild 2). Aus diesem wesentlichen Unterschied in der Werkzeugausstattung ergeben sich – abgesehen von einer Reduktion um einige Anwendungsmöglichkeiten – keinerlei Nachteile. Somit stellt das Kelly-Tool eine gute Alternative dar, falls die vom Dorn des Halligan-Tools ausgehende Gefährdung als zu groß erachtet wird.

Die Hebelklaue und die je nach Hersteller unterschiedlich geformte Schneide sind ebenso wie beim Halligan-Tool durch Splinte oder Verschweißen an der Grundstange befestigt; es sind ebenfalls aus einem Stück geschmiedete Tools erhältlich.

Bild 2: ***Halligan-Tool (links) und Kelly-Tool (rechts) (Quelle: Irakli West)***

Die Klaue und die Schneide des Kelly-Tools können analog zu den Werkzeugausstattungen eines Halligan-Tools verwendet werden. Gegenüberliegende Schlagflächen ermöglichen auch hier, das Kelly-Tool mit einem geeigneten Schlagwerkzeug einzuschlagen, um z. B. Spalten aufzuweiten oder einen festen Sitz für eine Hebelanwendung erhalten zu können.

Bei der Verwendung ergänzender Werkzeuge und Hilfsmittel kann das Einsatzspektrum des Kelly-Tools noch erweitert werden.

Im weiteren Verlauf des Heftes wird nicht näher auf das Kelly-Tool eingegangen, da die mit ihm ausführbaren Anwendungen, seine Eigenschaften und die ergänzenden Hilfsmittel identisch mit denen des Halligan-Tools sind.

2.3 Einsatzmöglichkeiten und Werkzeugeigenschaften

Das Halligan-Tool kann sowohl bei der Brandbekämpfung als auch bei der Technischen Hilfeleistung eingesetzt werden. Durch die möglichen Hebel- und Zerstörungskräfte eignet es sich besonders, um Zugang zu verschlossenen Bereichen zu erlangen oder um störende Hindernisse zu beseitigen.

Die Hebelklaue bietet sich aufgrund ihrer leichten Krümmung optimal für unterschiedlichste Hebelanwendungen an. Durch Einschlagen der meist angeschliffenen und konisch geformten Hebelklaue lassen sich enge Spalten durch die auftretenden Flankenkräfte aufweiten. Viele Hersteller integrieren in die Klaue zusätzlich einen Nagelzieher.

Mit dem abstehenden Runddorn können Hebelanwendungen auch auf engstem Raum ausgeführt werden. Durch das Einschlagen des Dorns in unterschiedliche Materialien können Anfangsöffnungen für den Einsatz weiterer Gerätschaften (z. B. Blechaufreißer, Glassägen) geschaffen werden oder gezielt Löschmittel, beispielsweise über Fog-Nails o. Ä. eingebracht werden.

Die Querschneide eignet sich ebenfalls zum Hebeln in beengten Bereichen, da ihre Bauform sich ebenso für den

Einsatz in engen Spalten anbietet. Mittels der angeschliffenen Kante lassen sich auch leicht hervorstehende Elemente durch Abschlagen entfernen.

Durch die optional erhältliche Ausstattung mit einer Metallschneidklaue können Metalle, Verbundwerkstoffe oder Kunststoffe aufgetrennt werden, um z. B. einen Zugang zu tiefer liegenden Strukturen zu schaffen.

2.4 Griffstange

Einzelne Anwendungen erfordern ausholende Schlagbewegungen. Daher ist ein fester und sicherer Halt in den Händen von entscheidender Bedeutung. Aus diesem Grund sind i. d. R. Vertiefungen in Form von Rillen, Rauten o. Ä. in die Griffstange des Halligan-Tools eingefräst, um die Griffigkeit zu erhöhen. Flüssige oder gelartige Anhaftungen an den Handschuhen (z. B. Schaummittel) können diesen rutschhemmenden Effekt allerdings stark vermindern.

Zur Erhöhung der Reibung können zusätzlich selbst aufgebrachte Materialien helfen, eine notwendige Griffigkeit zu erhöhen und somit zu einem besseren Halt beitragen. Eingefräste Rillen an der Griffstange können beispielsweise mit einer Wäscheleine nachgeführt und im Anschluss mit einem rutschhemmenden Klebeband überklebt und fixiert werden. Hierdurch wird eine zusätzliche Vergrößerung und Reibung der Grifffläche erreicht.

3 Ergänzende Werkzeuge und Hilfsmittel

Der Einsatzwert eines Halligan-Tools erhöht sich durch die Ergänzung mit weiteren Werkzeugen und Hilfsmitteln. Diese unterstützen oder ermöglichen Arbeitsschritte und stehen dem Anwender zusätzlich in ihrer eigentlichen Werkzeugfunktion zur Verfügung. Im Folgenden werden einige sinnvolle, erweiternde Ausrüstungsgegenstände vorgestellt.

3.1 Äxte

Als zweckmäßig erweisen sich Äxte, deren Rückseite für Hammeranwendungen konstruiert wurden oder speziell auf das Halligan-Tool abgestimmte Produkte, wie z. B. die FireAXEss Feuerwehraxt (▶ Bild 3). Der Axtkopf verfügt über eine glatte Rückseite, die explizit eine Verwendung als Schlagwerkzeug ermöglicht.

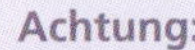

Achtung:

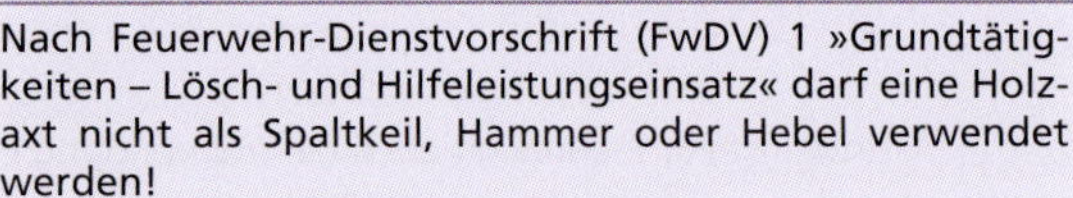

Nach Feuerwehr-Dienstvorschrift (FwDV) 1 »Grundtätigkeiten – Lösch- und Hilfeleistungseinsatz« darf eine Holzaxt nicht als Spaltkeil, Hammer oder Hebel verwendet werden!

Bild 3: ***FireAXEss Feuerwehraxt***

Anwendungsbereiche einer Axt

- Einschlagen der Toolwerkzeuge,
- Einsatz des Stiels als verlängerter »Arm« bei einer Absuche von Räumen zum Ertasten von Personen, Absturzkanten o. Ä.,
- Einsatz in der eigentlichen Funktion als Axt.

Positiv ist das durchschnittliche Gewicht von etwa 3,5 kg, das es dem Anwender leicht ermöglicht, eine Axt zusammen mit einem Halligan-Tool zu tragen.

3.2 Spalthammer

Oftmals ist zur Ergänzung auch die Verwendung eines Spalthammers zu beobachten. Seine Rückseite ist wie der Kopf eines Hammers gestaltet. Im Gegensatz zu einer Axt ist der Winkel der Klinge stumpfer und eignet sich in erster Linie zum Spalten von Holz und nur bedingt zum Trennen anderer Werkstoffe.

Anwendungsbereiche eines Spalthammers

- Einschlagen der Toolwerkzeuge,
- Ertasten von Personen und Absturzkanten beim Absuchen von Räumen unter Verwendung des Stiels,
- Einsatz in seiner eigentlichen Funktion als Spalthammer.

Aufgrund des Durchschnittsgewichtes von rund 5 kg ist ein Spalthammer nur bedingt für eine länger andauernde Verwendung als Tastinstrument beim Absuchen von Räumen geeignet. Positiv zu erwähnen ist die große Schlagwirkung, die durch den schwereren Klingenkopf erzielt werden kann.

3.3 TNT-Tool

Das TNT-Tool ist ein Multifunktionstool für sich, das vielfältig eingesetzt werden kann. Es lässt sich auch in Kombination mit einem Halligan-Tool verwenden.

Anwendungsbereiche eines TNT-Tools

- Einschlagen der Toolwerkzeuge,
- Ertasten von Personen und Absturzkanten beim Absuchen von Räumen,
- Verwendung als Axt, Vorschlaghammer, Fäustel, Meißel, Brechstange und Einreißhaken.

Aufgrund des Durchschnittsgewichtes von etwa 5 bis 6,5 kg und seiner Bauart ist ein TNT-Tool nur bedingt für eine länger andauernde Verwendung als Tastinstrument beim Absuchen von Räumen geeignet.

3.4 Neubautenschlüssel

Ein Neubauten- oder auch Architektenschlüssel ermöglicht das Aufschließen einer Tür ohne einen verbauten oder mit einem entfernten Schließzylinder.

3.5 Spaltsicherungsmaterial

Zur Sicherung eines geschaffenen Spaltes bzw. zur Aufrechterhaltung einer erzeugten Vorspannung und um das Tool für ein erneutes Ansetzen entfernen zu können, ist der Einsatz von Spaltsicherungsmaterial notwendig. Hierzu eignen sich Keile oder Klötze verschiedener Stärken. Diese Hilfsmittel können leicht am Halligan-Tool oder seinen Trageeinrichtungen befestigt und mitgeführt werden.

3.5.1 Keile

Holz- oder Kunststoffkeile können je nach Bedarf mit der Breitseite oder mit der Keilfläche eingesetzt werden (▶ Bild 4).

Bild 4: ***Keil in geschaffenem Türspalt***

3.5.2 Klötze

Klötze aus Holz oder Kunststoff bieten eine ebene Auflagefläche und verhindern damit ein Verrutschen. Sie sollten ca. 8 cm lang und 6 cm breit sein und verschiedene Stärken aufweisen. So können die Klötze der Spaltgröße entsprechend eingeschoben werden. Durch ein Bohrloch lassen sich die Klötze mit einem Klettband o. Ä. miteinander verbinden und leicht transportieren (▶ Bild 5).

Bild 5: ***Klötze verschiedener Stärken an einem Bund nach einer Idee von Josef Mäschle***

4 Einsatzkombination

Zur schnellen Entnahme und für ein kompaktes Mitführen des Halligan-Tools und seiner Hilfsmittel empfiehlt es sich, diese zu einer Einheit, einer »Einsatzkombination«, zusammenzufügen und bereits miteinander kombiniert auf dem Fahrzeug zu lagern. Zur Erstellung einer Einsatzkombination wird der Kopf des verwendeten Schlagwerkzeugs zwischen die Schenkel der Hebelklaue des Halligan-Tools gesteckt und der Stiel in dem aus dem Dorn und der Schneide gebildeten rechten Winkel aufgelegt. Auf diese Weise können beide Werkzeuge mit einer Hand gefasst und getragen werden. Zur Trageerleichterung können beispielsweise breite Klettgurte dienen, die um beide Werkzeugstiele geführt das sichere Tragen an nur einem Stiel ermöglichen. Über den Feuerwehrausrüstungshandel werden auch spezielle Tragesysteme angeboten.

Merke:

Ein vorgehender Trupp sollte idealerweise immer mit einer Halligan-Einsatzkombination ausgerüstet sein. Dies versetzt ihn in die Lage, auf plötzlich auftretende Hindernisse adäquat reagieren zu können.

4.1 Trageweise

Eine Einsatzkombination wird getragen, indem eine Hand beide Werkzeugstiele umfasst (▶ Bild 6). Alternativ kann die Einsatzkombination mittels Klettgurt, Tragesystem o. Ä. verbunden werden. Dann kann sie auch an nur einem Stiel gehalten werden.

Bild 6: ***Mögliche Trageweise einer Einsatzkombination***

4.2 Trage- und Verbindungssysteme

Ein breiter, um beide Stiele geführter Klettgurt oder ein Spannband verbindet die Werkzeuge miteinander und erleichtert das Tragen. In oder an dem Gurt können ein Neubautenschlüssel, Keile, Klötze, Türkennzeichnungsbänder o. Ä. befestigt werden. Der Fachhandel bietet hierzu auch spezielle Tragesysteme an.

4.3 Verlasten/Transport

Idealerweise werden zusammengestellte Einsatzkombinationen griffbereit auf einem Fahrzeug verlastet, z. B. in einem Geräteraum, in dem sich auch die Ausrüstung für den Angriffstrupp befindet (▶ Bild 7).

Bild 7: ***Verlastung einer Einsatzkombination in einem Löschfahrzeug***

4.4 Ablegen/Abstellen

Wird das Halligan-Tool nicht mehr verwendet, sollte es abseits von Angriffs- und Rettungswegen abgelegt oder abgestellt werden. Dabei muss unbedingt darauf geachtet werden, dass der Dorn immer von Personen abgewandt liegt, um eine Verletzungsgefahr zu vermeiden. Beim Ablegen zeigt der Dorn zum Boden (▶ Bild 8), beim Abstellen zur Wand.

4.4 Ablegen/Abstellen

Bild 8: ***Ablegen des Halligan-Tools auf dem Boden***

Tipp:

Damit Werkzeuge auch von nachrückenden Trupps schnell aufgefunden werden können, sollten im Vorfeld einheitliche Ablageorte innerhalb einer Einsatzstelle festgelegt und beübt werden.

5 Einsatz des Halligan-Tools

Die Verwendung einer Halligan-Einsatzeinheit ist einfach, jedoch können durch die großen aufzubringenden Schlag- und Hebelkräfte plötzlich Bauteile oder andere Elemente abbrechen, nachgeben oder wegspringen und somit die anwendenden Kräfte oder sich in der Nähe befindliche Anwesende beeinträchtigt werden. Daher erfordern Einsatzmaßnahmen das Tragen geeigneter Persönlicher Schutzausrüstung und die Auswahl eines zweckmäßigen Standplatzes, der hindernisfrei, fest und frei von nicht direkt benötigten Einsatzkräften oder anderen Personen sein muss.

5.1 Ebenerdiger Standplatz

Bei einem ebenerdigen Standplatz im Freien oder innerhalb von Gebäudestrukturen ist zum Ausschluss von Gefährdungen für andere auf das Einhalten eines Sicherheitsradius von 5 Metern um das Tool herum zu achten. Nur unbedingt notwendige Einsatzkräfte halten sich in diesem Bereich auf. Bestehende Stolpergefahren sind möglichst zu beseitigen bzw. zu entschärfen.

Bild 9: ***Sicherheitsradius um das Halligan-Tool herum (Draufsicht)***

5.2 Einsatz über Hubrettungsfahrzeuge

Die Verwendung einer Einsatzkombination über ein Hubrettungsfahrzeug erfordert zusätzlich zu einem horizontalen Sicherheitsbereich eine definierte Fläche unterhalb des Korbes, dessen Ausdehnung in Anpassung zur Einsatzhöhe erfolgen muss. Gefährdungen oder Beeinträchtigungen durch herabstürzende Elemente müssen ausgeschlossen werden, daher muss der erweiterte Sicherheitsbereich abgesperrt und auf die Einhaltung eines Betretungsverbotes hin überwacht werden. Bestehende Witterungsverhältnisse können das Bewegen abgetrennter oder gelöster Bauteile auch über größere Distanzen hinweg begünstigen. Ggf. muss der Absperrbereich (temporär) erweitert werden. Durch den Verlust der Haltekraft oder durch ein Abrutschen können das Tool oder ergänzende Werkzeuge in die Tiefe stürzen. Daher sollten die Einsatzgerätschaften mit einer Bandschlinge o. Ä. im Korb fixiert werden. Der zur Verfügung stehende Arbeitsraum im Korb eines Hubrettungsfahrzeugs ermöglicht für weitergehende Maßnahmen auch ein sicheres und effektives Einschlagen der Toolwerkzeuge durch ergänzende Hilfsmittel.

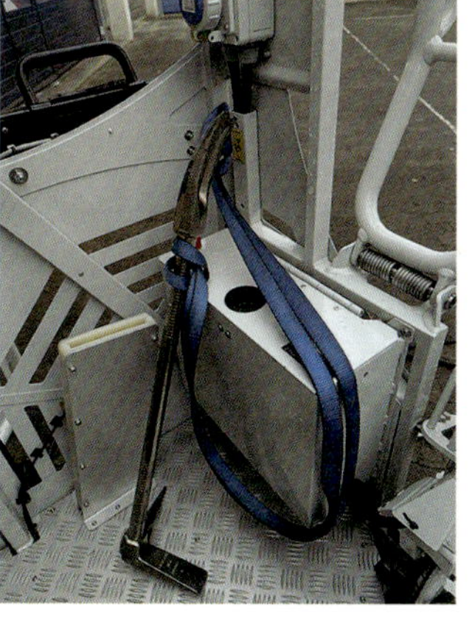

Bild 10: ***Fixiertes Tool im Korb eines Hubrettungsfahrzeugs während eines Einsatzes***

Literatur-Tipp:

Liedtke, Björn: Hubrettungsfahrzeuge im technischen Hilfeleistungseinsatz, W. Kohlhammer GmbH, 2019.

5.3 Einsatz über tragbare Leitern

Der Einsatz über tragbare Leitern eignet sich überwiegend für Hebelanwendungen einfachen Umfangs, ein zusätzliches Einschlagen der Toolwerkzeuge durch ergänzende Hilfsmittel ist aufgrund der geringen Standfläche auf den Sprossen nicht sicher und effektiv möglich. Während der Nutzung ist ebenso ein zusätzlicher Sicherheitsbereich unterhalb des Standplatzes erforderlich. Die Dimensionierung kann hier jedoch aufgrund geringerer Einsatzhöhen entsprechend angepasst werden. Auf das Absperren und Freihalten ist zu achten.

Achtung:

Bei Ausholbewegungen mit dem Tool oder den ergänzenden Werkzeugen auf die Sicherung vor einem Absturz oder Kontakt zu Hindernissen, insbesondere stromführende Elemente, achten.

6 Türöffnungsprozeduren

Die Entscheidung für eine zweckmäßige Aufbrechmethode von verschlossenen Türen orientiert sich am zur Verfügung stehenden Standplatz, an der Bauart und an der Aufschlagrichtung. Die im Folgenden beschriebenen Verfahren eignen sich besonders für zeitkritische Einsätze, bei denen im Rahmen einer Erkundung der Lage in einer Güterabwägung eine Beschädigung von Türen und Zargen als vertretbar und notwendig erachtet wurde.

Die immer noch häufig mitgeführte Feuerwehraxt verfügt hier über einen nur geringen Einsatzwert. Der gewünschte Erfolg kann ausbleiben und zum Nachfordern weiterer Werkzeuge zwingen. Die Folge ist ein unnötiger, teils gravierender Zeitverlust.

Die Verwendung einer Halligan-Einsatzkombination erlaubt das jederzeitige Tragen der erforderlichen Schutzausrüstung während der Durchführung von Maßnahmen. Dies steht im Gegensatz zu den etablierten, zerstörungsarmen Öffnungswerkzeugen, die Einsatzkräfte oft dazu veranlassen können, ihre Schutzhandschuhe auszuziehen, um ein nötiges Feingefühl für die Arbeiten zu erhalten. Gerade beim Brandeinsatz stellt dies ein hohes Verletzungsrisiko dar. Die Hände sind schutzlos hohen Temperaturen oder den Folgen einer rasanten Brandausbreitung ausgesetzt.

Auch bei Hilfeleistungseinsätzen, die eine Türöffnung erfordern, ist es ratsam, ergänzend zum Sperrwerkzeug eine Halligan-Einsatzkombination zum Einsatzort mitzuführen. Auf diese Weise besteht jederzeit die Möglichkeit, unverzüglich auf plötzlich eintretende Lageveränderungen reagieren zu können. Beispielsweise kann ein unvermittelter Kontaktabriss zum Patienten bei einer vermuteten schweren gesundheitlichen Störung einen schnellen Zugang erfordern. Ein zeitaufwendiges Nachführen entsprechender Brechwerkzeuge im Bedarfsfall kann so vermieden werden.

Achtung:

Durch Verwendung des Halligan-Tools und der Hilfswerkzeuge sind Beschädigungen an Türblatt und -rahmen möglich.

Sämtliche Türöffnungsmethoden erfordern die Verfügbarkeit von zwei Einsatzkräften, die in den folgenden Ausführungsbeschreibungen »Einsatzkraft 1« und »Einsatzkraft 2« genannt werden. Auf ein Einschlagen von Toolwerkzeugen kann in vielen Fällen verzichtet werden, wenn entsprechend stabile Widerlager (Türrahmen etc.) vorhanden sind, bzw. das Halligan-Tool bereits durch das Ansetzen einen ausreichend festen Sitz erlangt. »Einsatzkraft 1« fordert somit bei Bedarf den Einsatz des Schlaggerätes an.

Tipp:

Zunächst ist zu überprüfen, ob eine Tür auch tatsächlich verschlossen ist. Öfter als vermutet, werden unverschlossene Türen aufgebrochen und somit wertvolle Zeit verschenkt.

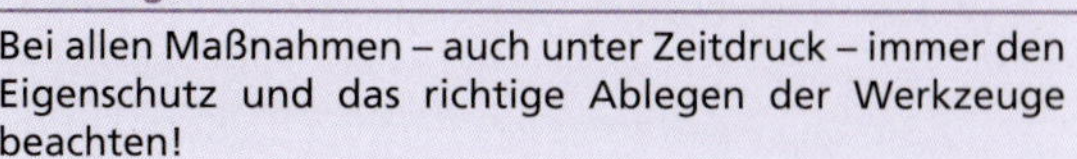

Achtung:

Bei allen Maßnahmen – auch unter Zeitdruck – immer den Eigenschutz und das richtige Ablegen der Werkzeuge beachten!

6.1 Ablaufschema »Tür auffinden«

Das Ablaufschema »Tür auffinden« (▶ Bild 11) soll das Vorgehen beim Auffinden einer Tür verdeutlichen und die Auswahl für eine geeignete Öffnungsvariante veranschaulichen.

6.1 Ablaufschema »Tür auffinden«

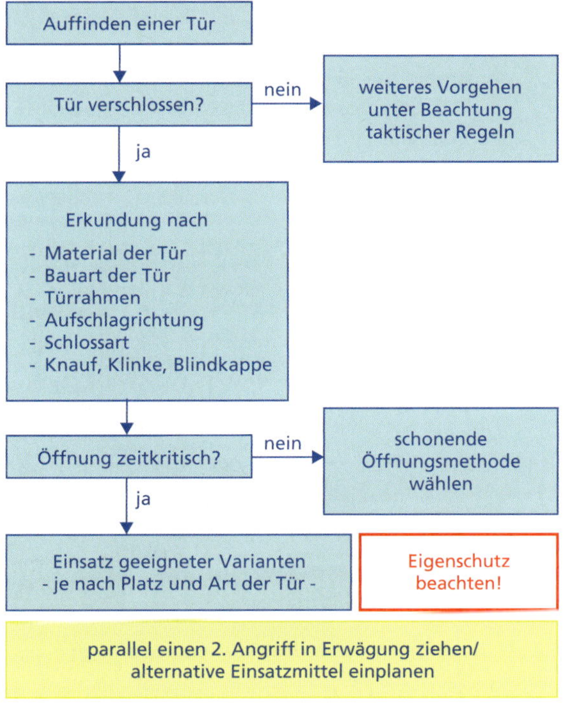

Bild 11: ***Ablaufschema »Tür auffinden« (Quelle: eigene Darstellung)***

6.2 Nach innen aufschlagende Türen

Bei in einen Raum hinein aufschlagenden Türen kann man alle Werkzeuge des Halligan-Tools einsetzen. Benötigt wird eine Einsatzkraft, die das Halligan-Tool führt und eine weitere, die das Hilfswerkzeug bedient. Im Folgenden werden drei verschiedene Ausführungsmöglichkeiten beschrieben.

Bild 12: ***Ansetzen der Klaue und Einschlagen des Halligan-Tools***

6.2.1 Einsatz der Hebelklaue

Vorgehensweise:
»Einsatzkraft 1« setzt die Klaue ca. 15 cm über oder unter dem Schließzylinder im Türspalt an. Wenn erforderlich und möglich, schlägt »Einsatzkraft 2« das Halligan-Tool mit dem Hilfswerkzeug zur Erlangung eines festen Sitzes tiefer in den Spalt (▶ Bild 12). Nach erfolgtem Einschlagen hält »Einsatzkraft 2« den Kopf des Schlagwerkzeuges zwischen Türblatt und Halligan-Tool. Zum Aufbrechen der Tür greift »Einsatzkraft 1« das Halligan-Tool am äußeren Ende und drückt es in Richtung des Türblattes (▶ Bild 13). Die hierdurch aufgebrachten Hebelkräfte führen zu einem Ausbrechen des Bereichs um das Schloss.

Die Ausführung dieser Variante erfordert ausreichend Platz zum Ansetzen des Halligan-Tools und zum Ausholen des Schlaggerätes.

Bild 13: ***Aufbrechen der Tür durch Hebeln über das Widerlager (Axtkopf) (Quelle: Olaf Huth)***

Merke:

Die Durchführung sämtlicher Schlagmanöver erfordert abgestimmte Kommandos im Trupp, um Verletzungen zu vermeiden. Bei der richtigen Position des Tools signalisiert das Kommando »Schlag« die Anforderung einer Schlagbewegung. Das Kommando »Stopp« fordert zur Beendigung des Schlagvorganges bei Erreichen des Zieles oder bei auftretenden Problemen auf.

6.2.2 Einsatz der Schneide

Vorgehensweise:
»Einsatzkraft 1« setzt die Schneide wie die Hebelklaue in Kapitel 6.2.1 an. Bei Bedarf treibt »Einsatzkraft 2« sie durch Schläge tiefer in den Türspalt (▶ Bild 14). Anschließend hebelt »Einsatzkraft 1« das Halligan-Tool durch Druck oder Zug zum Türblatt hin (▶ Bild 15). Auch hier stellt sich durch Ausbrechen im Bereich des Schlosses ein Öffnungserfolg ein.

Bei ausreichend festem Sitz der Schneide (z. B. Metalltürrahmen) kann auf ein Einschlagen verzichtet werden. In diesem Fall wäre diese Möglichkeit der Türöffnung auch von einer Einsatzkraft alleine auszuführen.

Achtung:
Zu großer Druck oder Zug am Tool können zu einem plötzlichen Nachgeben und zu Verletzungsgefahren durch Sturz oder Abrutschen führen.

Bild 14: ***Ansetzen der Schneide und Einschlagen des Halligan-Tools***

Tipp:

Markierungen der Werkzeugspitzen, z. B. mit »Zentimeter-Angabe«, lassen eine einfache Beurteilung der Einschlagtiefe zu.

Bild 15: ***Aufbrechen der Tür durch Druck auf das Halligan-Tool***

6.2.3 Rammen

Raumabschlusstüren leichter Bauart können durch Auframmen gewaltsam geöffnet werden.

Vorgehensweise:

Je nach Lage wird durch »Einsatzkraft 1« zunächst eine Bandschlinge o. Ä. angebracht, um die Tür jederzeit wieder schließen zu können. »Einsatzkraft 2« nutzt die der Hebelklaue gegenüberliegende Schlagseite und rammt durch schwungvolle Bewegungen das Halligan-Tool im Bereich der Schließgarnitur gegen die Tür (▶ Bild 16).

Bild 16: ***Auframmen einer Tür***

Achtung:

Das Rammen sollte nur aus einem sicheren Stand heraus und ohne Anlauf ausgeführt werden, um ein unkontrolliertes Eindringen in den Raum zu verhindern.

6.3 Nach außen aufschlagende Türen

Eine nach außen aufschlagende Tür ist je nach Bauart und Erreichbarkeit durch Zerstören des Schlosses oder der Scharniere zu öffnen.

6.3.1 Zerstören des Schlosses

Vorgehensweise:
»Einsatzkraft 1« hält die Schneide längs in Höhe der Drückergarnitur, »Einsatzkraft 2« treibt sie, wenn erforderlich, durch Schläge tief in den Schlossbereich hinein (▶ Bild 17). Durch mehrfaches Hoch- und Herunterdrehen des Halligan-Tools wird die Zerstörung der Schließapparatur herbeigeführt (▶ Bild 18). Es kann unter Umständen notwendig sein, die Tür durch eine abschließende Hebelbewegung zu öffnen.

Tipp:

Ein Fuß sollte während der Arbeit nah vor die Tür gestellt werden. Für den Fall, dass diese plötzlich aufspringt, können hierdurch Verletzungen vermieden werden.

Bild 17: ***Ansetzen der Schneide und Einschlagen auf Höhe des Schlosses***

6.3.2 Scharniere ausbrechen

Sind die Türscharniere gut erreichbar, können sie zerstört werden, um auf diese Weise einen Zugang zu erhalten. Es sollte jeweils mit dem unteren Scharnier begonnen werden, um ein unkontrolliertes Umfallen des Türblatts zu verhindern.

Bild 18: ***Aufbrechen durch mehrmaliges Hoch- und Herunterdrehen des Halligan-Tools***

Vorgehensweise unter Verwendung der Schneide:
»Einsatzkraft 1« hält die Schneide an die in das Türblatt führenden Verbindungsbolzen (▶ Bild 19). »Einsatzkraft 2« führt durch starke Schläge auf die Schlagfläche eine Zerstörung der Scharniere herbei.

Bild 19: ***Ansetzen der Schneide am Scharnier***

Achtung:

Beengte Platzverhältnisse erfordern eine erhöhte Aufmerksamkeit bei Schlagmanövern.

Vorgehensweise unter Verwendung der Hebelklaue:
Die gesamte Klaue wird über oder ein Schenkel der Klaue hinter das Scharnier geführt (▶ Bild 20). Durch Hebeln gegen den Türrahmen können die Scharniere ausgebrochen werden.

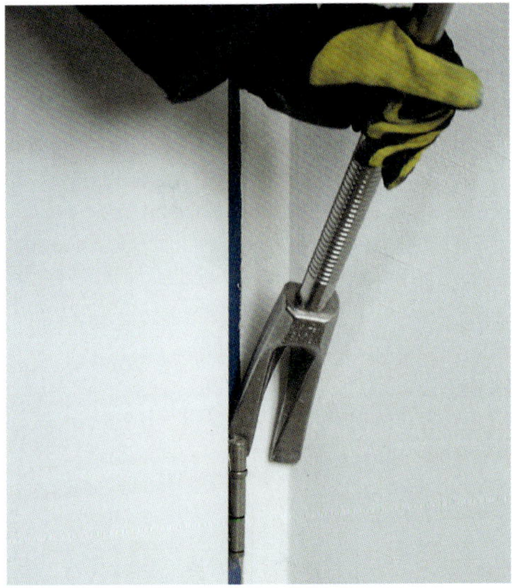

Bild 20: ***Ansetzen der Hebelklaue am Scharnier***

6.3.3 Bolzen entfernen

Verfügen die Türscharniere über eingeschobene Bolzen, kann die Tür durch ihr Entfernen zerstörungsarm geöffnet werden. Hierzu müssen die Bolzen gut erreichbar sein.

Vorgehensweise:
Mit dem unteren Bolzen beginnen. »Einsatzkraft 1« führt die scharfe Kante eines Klauenschenkels oder eine Kante der Schneide unter den Bolzenkopf und versucht ihn nach oben herauszudrücken. »Einsatzkraft 2« unterstützt bei Bedarf durch leichte Schläge auf das Halligan-Tool (▶ Bild 21).

Handelt es sich um eine automatisch schließende Tür, kann eine sich im Bolzen befindliche Feder diese Variante erschweren.

Achtung:

Um- bzw. Herausfallen der Tür nach Entfernung der Bolzen.

Bild 21: ***Entfernen eines eingeschobenen Bolzens mit der Hebelklaue***

6.4 Rauchschutztüren

Selbst widerstandsfähige, verschlossene Rauchschutztüren lassen sich mittels einer Einsatzkombination öffnen.

Vorgehensweise:
»Einsatzkraft 1« führt die Schneide möglichst weit oben längs in den Türspalt (▶ Bild 22). Bei Bedarf muss »Einsatzkraft 2« die Schneide weiter einschlagen. Bei festem Sitz verdreht »Einsatzkraft 1« das Halligan-Tool so, dass die Schneide quer im nun erweiterten Spalt sitzt. »Einsatzkraft 2« sichert den

Spalt durch Keile oder Klötze. Hierdurch wirkt nach Entfernen des Halligan-Tools eine Vorspannung auf den Schlossbereich. »Einsatzkraft 1« setzt die Schneide erneut an, dieses Mal jedoch im Bereich des Schlosses. Ein Verdrehen des Tools führt zu einem Verbiegen oder Abscheren des Schließbolzens (▶ Bild 23). Die Tür lässt sich öffnen.

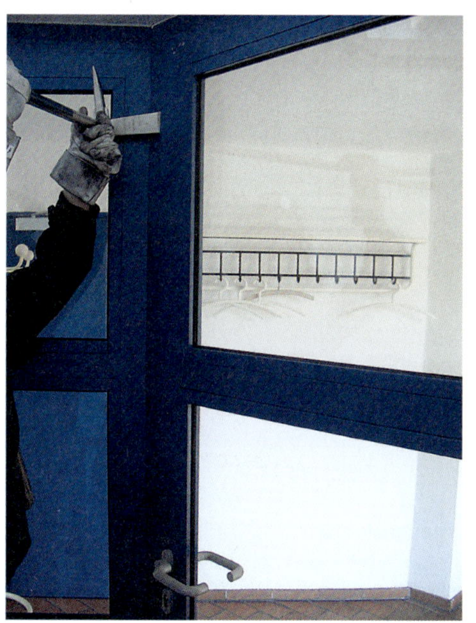

Bild 22: ***Ansetzen der Schneide im Türspalt einer Rauchschutztür***

Stellt sich ein Erfolg nicht ein, kann alternativ das Drahtglas eingeschlagen werden (▶ Kapitel 10.2).

Bild 23: ***Erneutes Ansetzen der Schneide und Verdrehen im Schlossbereich***

Tipp:

Nicht zu lange mit einer schwer zu öffnenden Tür aufhalten, sondern schnell die Alternative über das Zerstören des Drahtglases wählen.

6.5 Feuerschutztüren

Diese Vorgehensweise ist für nach außen aufschlagende Feuerschutz- bzw. Fluchttüren geeignet (▶ Bild 24).

Bild 24: ***Einsatz eines Halligan-Tools an einer Feuerschutztür (Quelle: Michael Ehresmann, www.wiesbaden112.de)***

Bild 25: ***Aufbiegen des Türfalzes im Schlossbereich***

Vorgehensweise:
»Einsatzkraft 1« biegt mit der Hebelklaue den Türfalz im Bereich des Schlosses zur Seite, um einen freien Blick auf den Schließbereich zu erhalten (▶ Bild 25). Anschließend wird die Klaue frontal in den ersichtlichen Spalt zwischen Tür und Rahmen geführt.

»Einsatzkraft 2« führt durch Schlagen auf das Halligan-Tool ein tiefes Eindringen der Klaue und eine Erweiterung des Spaltes herbei. Hierdurch rückt die Zuhaltung vom Rahmen ab. »Einsatzkraft 1« hebelt die Tür auf. Stößt man auf eine abgeschlossene Tür, ist nach Schaffung des Sichtspaltes zunächst zu versuchen, den Schließbolzen zu zerstören.

Merke:

Bei einem Misserfolg und bei nicht vorhandenen alternativen Zugangsmöglichkeiten sollte frühzeitig eine Meldung an den Einheitsführer und die Anforderung weiterer erforderlicher Gerätschaften erfolgen.

6.6 Ablaufschema »Türöffnung«

Das Ablaufschema »Türöffnung« (▶ Bild 26) veranschaulicht das schrittweise Vorgehen beim Öffnen einer Tür mit dem Halligan-Tool.

6.6 Ablaufschema »Türöffnung«

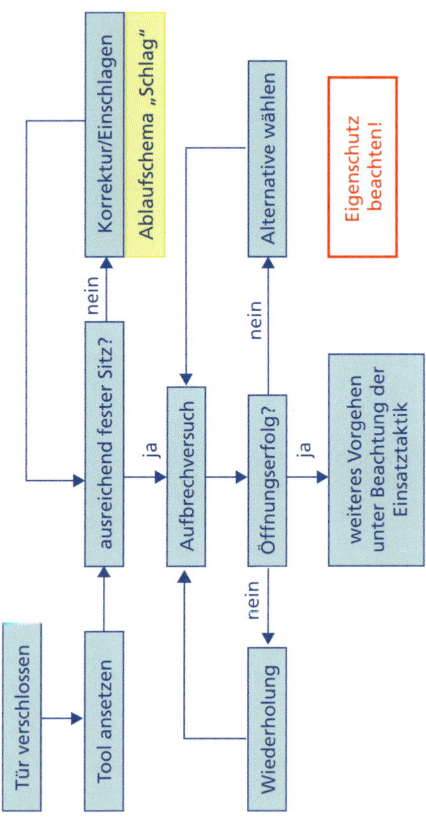

Bild 26: ***Ablaufschema »Türöffnung« (Quelle: eigene Darstellung)***

6.7 Ablaufschema »Schlag«

Das Ablaufschema »Schlag« (▶ Bild 27) veranschaulicht die Beurteilung und Durchführung eines notwendigen Schlages.

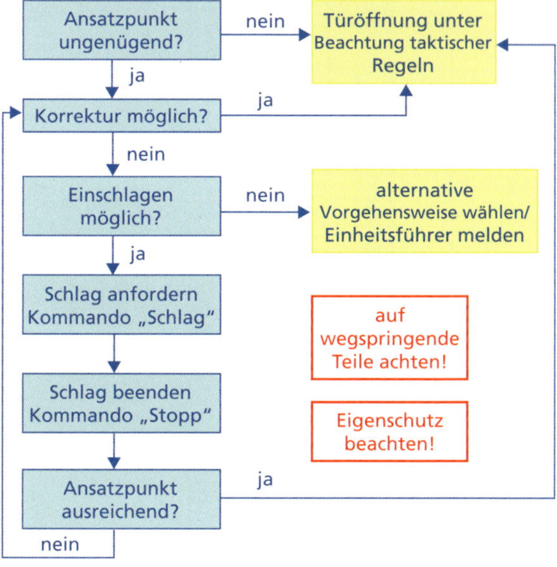

Bild 27: ***Ablaufschema »Schlag« (Quelle: eigene Darstellung)***

6.8 Entfernen von Schließzylindern

Durch das Entfernen des Schließzylinders kann der Schaden an einer zu öffnenden Tür begrenzt werden. Zur erfolgreichen Umsetzung dieser Möglichkeit ist es allerdings notwendig, dass der Zylinder weit genug übersteht, um ihn entsprechend fassen und abscheren zu können. Zum anschließenden Aufschließen der Tür ist ein Neubautenschlüssel und ggf. eine Spitzzange erforderlich.

Tipp:

Ein Neubautenschlüssel lässt sich leicht mit einem Klettband am Halligan-Tool befestigen oder in einem speziellen Tragesystem verstauen.

6.8.1 Abscheren

Für diese Maßnahme ist eine Einsatzkraft ausreichend.

Vorgehensweise:
Steht der Zylinder nicht weit genug hervor, um ihn fassen zu können, muss zunächst ein ausreichender Überstand geschaffen werden. Hierzu ist das Schließblech zu entfernen, indem es mit der Klaue aufgenommen und dann zur Seite gebogen wird. Im Anschluss, den Schließzylinder zwischen die Schenkel der Klaue führen und durch Verdrehen des Tools abscheren (▶ Bild 28). Danach den Dorn in die Schließzylinderaufnahme führen und durch Schläge mit dem Handballen oder mit einem

Hilfswerkzeug auf das Halligan-Tool die verbliebene zweite Hälfte des Zylinders herausstoßen. Mit einem entsprechenden Schlüssel ist es nun möglich, die Tür aufzuschließen.

Bild 28: ***Fassen und Abdrehen des Schließzylinders***

6.9 Ausreißen von Kettenzuhaltungen

Eine nach einer durchgeführten Türöffnung aufgefundene, eingelegte Kettenzuhaltung ist ein Indiz dafür, dass sich Personen in einer Wohnung aufhalten können. Zum weiteren Vorgehen ist das Entfernen der Kette erforderlich: Dazu ein Kettenglied mit der Klaue aufnehmen und über den Rahmen als Widerlager die Kette ausreißen (▶ Bild 29).

Bild 29: ***Aufnehmen eines Kettengliedes zum Ausreißen der Kette***

Tipp:

Zum Schutz des Türrahmens kann eine Holzplatte o. Ä. zwischen Rahmen und Halligan-Tool gehalten werden.

7 Aufbrechen von Vorhängeschlössern

Herkömmliche Vorhängeschlösser sind ohne viel Aufwand schnell und leicht zu öffnen.

7.1 Aufschlagen

Beim Aufschlagen werden zwei Einsatzkräfte benötigt.

Vorgehensweise:
»Einsatzkraft 1« führt den Dorn durch den Schlossbügel, sodass die ihm gegenüber befindliche Schlagfläche nach oben zeigt. »Einsatzkraft 2« führt einen Schlag auf das Halligan-Tool aus und erreicht so das Ausreißen des Bügels aus dem Schlosskörper (▶ Bild 30).

7.2 Abscheren

Das Abscheren kann von einer Einsatzkraft allein ausgeführt werden.

Vorgehensweise:
Den Schlossbügel zwischen die Schenkel der Klaue führen und ihn gegen ein ausreichendes Widerlager, z. B. in Form eines Türrahmens, abscheren (▶ Bild 31).

Bild 30:
Schlag auf das Halligan-Tool zum Sprengen des Vorhängeschlosses

Bild 31:
Schlossbügel zwischen der Hebelklaue

8 Garagentore aufbrechen

Vor dem Einsatz schwerer Gerätschaften kann man versuchen ein Garagentor mittels einer Halligan-Einsatzkombination zu öffnen. Es gibt zwei Verriegelungsarten, die von außen jedoch nicht erkennbar sind. So muss hier zunächst die Art der Schließung erkundet werden.

8.1 Erkundung der Verriegelung

Die Schenkel der Hebelklaue werden im seitlichen Torspalt, ca. 30 cm über dem Boden, angesetzt, um diesen durch Hebeln aufzuweiten. Den dabei entstehenden Spalt kann man z. B. mit der Axt sichern (▶ Bild 32). Nun in den erweiterten Spalt blicken, ob seitliche Verriegelungsbolzen erkennbar sind. Wenn dies nicht der Fall ist, kann von einem zentralen, senkrechten Verschlussbolzen ausgegangen werden.

8.2 Seitliche Verriegelungsbolzen

Wurden seitliche Verriegelungsbolzen erkannt, die Klaue in der Nähe der Bolzen ansetzen und diese aushebeln. Diesen Schritt auf der gegenüberliegenden Seite wiederholen. Sind die Bolzen vollständig gelöst, lässt sich das Tor öffnen.

Bild 32: ***Ansatzpunkt der Klaue und der Axt zur Spaltsicherung***

8.3 Zentrale Verriegelung

Bei der Annahme eines zentralen Schließbolzens die Schneide mittig am Tor, parallel zum Boden, im Bereich des Schlosses ansetzen (▶ Bild 33). Das Halligan-Tool zum Boden hindrücken, bis die Verriegelung aushakt. Reicht die Hebelbewegung nicht aus, ist der Spalt zu sichern und mit der Klaue zu versuchen den Bolzen aus seinem Sitz herauszudrücken.

Alternativ kann hier der Einsatz eines Halligan-Tools mit einer Metallschneidklaue hilfreich sein: Ein Ansatzloch einschlagen und mit der Metallschneidklaue den Bereich des Schlosses und/oder der Verriegelung freilegen, um gezielt weiter vorgehen zu können.

Bild 33: ***Ansatzpunkt der Schneide bei einem Garagentor mit zentraler Verriegelung***

9 Entfernen von Verbindungen

Ist abzuschätzen, dass Scharniere oder Befestigungsbänder von Türen, Toren o. Ä. einen einsatztaktischen Ansatzpunkt darstellen, kann versucht werden, sich durch Zerstörung ihrer Verbindungselemente (Bolzen, Schrauben etc.) Zugang zu verschaffen. Hierzu ist die Dornspitze des Halligan-Tools zu deren Entfernung zu verwenden. Aber auch leichte Schließzylinder von Schaltschränken, Schlüsselkästen o. Ä. lassen sich auf diese Weise gewaltsam öffnen, um z. B. an erforderliche Schlüssel oder Bedieneinrichtungen zu gelangen (▶ Bild 34).

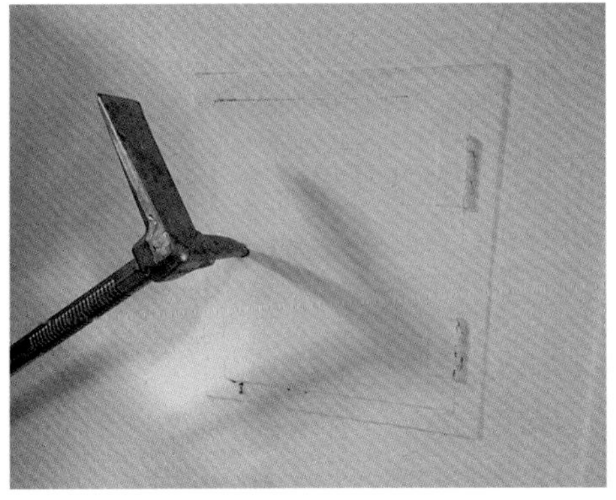

Bild 34: ***Eingeschlagener Dorn – Aufbiegen durch Hebeln***

Vorgehensweise:

»Einsatzkraft 1« hält die Spitze des Dorns auf das zu entfernende Element, »Einsatzkraft 2« treibt dieses durch Schläge auf das Halligan-Tool aus seinem Sitz.

10 Durchdringen von Verglasungen

Glasscheiben sind mit einem Halligan-Tool problemlos einzuschlagen, jedoch gilt es einige Grundsätze zu beachten und umzusetzen, damit es zu keinen Verletzungen kommt. Die beschriebenen Methoden sind sowohl bei ebenerdigen Fenstern, Türen o. Ä. als auch bei höher liegenden Einsatzstellen, z. B. von tragbaren Leitern oder Hubrettungsfahrzeugen aus, anwendbar. Dabei gilt es zu beachten, dass Glasscherben vom Wind über weite Distanzen hinweg transportiert werden können. Unterhalb der Arbeitsstelle dürfen sich keine Personen aufhalten, die durch herunterstürzendes Glas gefährdet werden können. Der Sicherheitsradius ist entsprechend zu wählen.

10.1 Einfach- und Doppelverglasung

Einfach- und Doppelverglasungen sind mit dem Halligan-Tool mühelos zu zertrümmern. Um Verletzungen möglichst auszuschließen, sollte hierbei jedoch systematisch vorgegangen werden.

Vorgehensweise:
Seitlich vom Fenster aufstellen und zunächst die einem zugewandte obere Ecke einstoßen bzw. einschlagen (▶ Bild 35). Das Glas weiter am Rahmen entlang, von oben nach unten, einschlagen (▶ Bild 36). Dieses Vorgehen auf der anderen Seite

wiederholen. Das sich noch im Rahmen befindliche Glas mit der flachen Seite nach innen stoßen. Idealerweise gelangt man so an den Fenstergriff und kann das Fenster öffnen. Ist dies nicht der Fall, muss der Rahmen von spitzen Kanten gesäubert werden, um so ein sicheres Einsteigen zu ermöglichen.

Bild 35: ***Schaffen einer Anfangsöffnung durch frontales Einstoßen***

Bild 36: ***Weiteres Einschlagen entlang des Rahmens***

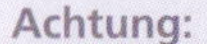
Achtung:

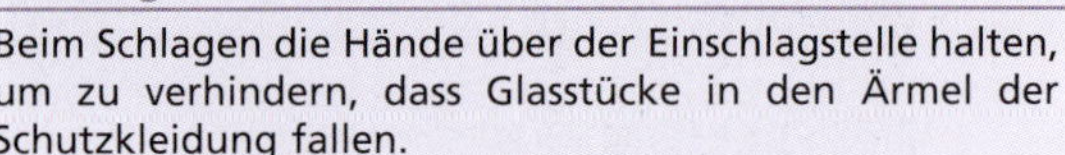
Beim Schlagen die Hände über der Einschlagstelle halten, um zu verhindern, dass Glasstücke in den Ärmel der Schutzkleidung fallen.

10.2 Drahtverglasung

Selbst Drahtstifte innerhalb der Verglasung sind mit dem Halligan-Tool leicht zu durchtrennen.

Vorgehensweise:

Aufstellung vor der Scheibe und zuerst mit dem Dorn eine Anfangsöffnung in die oberen Ecken stoßen (▶ Bild 37). Im weiteren Verlauf unter Einsatz der Hebelklaue das Drahtglas an beiden seitlichen Rahmen entlang durch engmaschiges, wiederholtes Hineinstoßen trennen (▶ Bild 38). Zum Abschluss die Verglasung auf dieselbe Weise entlang des oberen Rahmens durchtrennen. In den meisten Fällen klappt hierdurch die Scheibe großflächig nach innen ein. Möglicherweise sind einzelne Drahtstifte noch intakt und müssen entsprechend

Bild 37: ***Schaffen einer Anfangsöffnung durch Einschlagen des Dorns***

nachbearbeitet werden. Das weitere Vorgehen entspricht dem bei der Einfach- und Doppelverglasung.

Bild 38: ***Einstechen in die Drahtverglasung mit der Hebelklaue***

10.3 Ablaufschema »Glas«

Das Ablaufschema »Glas« (▶ Bild 39) zeigt das grundlegende Vorgehen beim Entfernen von Glas mit dem Halligan-Tool.

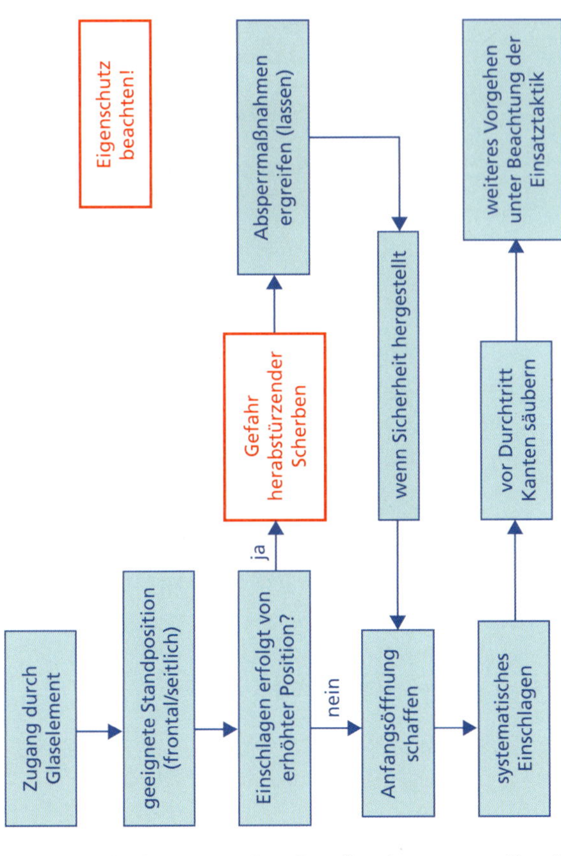

Bild 39: ***Ablaufschema »Glas« (Quelle: eigene Darstellung)***

10.4 Aufbrechen heruntergelassener Rollläden

Heruntergelassene Rollläden und Jalousien können Erkundungsmaßnahmen oder das Einschlagen von Verglasungen behindern. Um sie zu entfernen, wird der Dorn des Halligan-Tools in die Fläche eingeschlagen. Anschließend werden die Lamellen durch ruckartiges Herausziehen entfernt (▶ Bild 40).

Bild 40: ***Aufbrechen eines Rollladens mit dem Halligan-Tool***

Achtung:

Den Dorn dosiert in herabgelassene Verdunkelungselemente einschlagen, um ein zu frühes und unkontrolliertes Zerstören von Verglasungen zu vermeiden.

11 Durchdringen von Leichtbauwänden

Leichtbauwände sind mit wenig Aufwand zu durchdringen. Um dies schnell zu erreichen, empfiehlt sich ein strukturiertes Vorgehen, ähnlich dem Vorgehen bei der Durchdringung von Drahtverglasungen. Die Hebelklaue wird zunächst in eine obere Ecke eingeschlagen. Anschließend wird entlang der gewünschten Öffnungslinie engmaschig eingestochen (▶ Bild 41). Mehrmaliges, frontales Stoßen an der Öffnungslinie entlang verbindet die Bruchkanten miteinander, sodass

Bild 41: ***Einstechen entlang der gewünschten Öffnungslinie***

das zu entfernende Element mit der Schneide herausgehebelt werden kann (▶ Bild 42). Nach Entnahme der Dämmung wird die nun ersichtliche Gipskartonplatte nach der gleichen Vorgehensweise wie bereits beschrieben, entfernt.

Bild 42: ***Verbinden der Bruchkanten durch frontales Stoßen***

12 Anwendungen für die technische Hilfe

Neben der Eignung für den Brandeinsatz leistet das Halligan-Tool auch bei technischen Hilfeleistungseinsätzen wertvolle Dienste. Viele unterstützende oder vorbereitende Verwendungsmöglichkeiten unterstreichen seine Vielseitigkeit.

12.1 Hebelarbeiten

Da es sich bei einem Halligan-Tool um die modifizierte Bauform einer Brechstange handelt, ist es auch als solche einsetzbar. Alle üblichen Hebelanwendungen sind mit dem Halligan-Tool durchführbar. So kann überlegt werden, auf eine Ausstattung der Fahrzeuge mit einer klassischen Brechstange zu verzichten.

12.2 Dorn – Ansatzpunkt für Werkzeuge erstellen

Die Werkzeugausstattung des Halligan-Tools eignet sich hervorragend, um einen Ansatzpunkt für andere Einsatzgerätschaften zu erstellen. Der eingeschlagene Dorn hinterlässt ein Loch, welches als Ansatzpunkt für den Einsatz weiterer Gerätschaften dienen kann (z. B. Glas- oder Säbelsäge, Einbringen von Löschmittel in Container o. Ä.).

12.2 Dorn – Ansatzpunkt für Werkzeuge erstellen

Die Spitze des Runddorns wird auf die zu durchstechende Stelle aufgelegt und mit dem Schlagwerkzeug eingeschlagen, bis der Dorn ausreichend tief eingedrungen ist. Zur Aufweitung des entstandenen Loches wird das eingeschlagene Halligan-Tool hochgedrückt, um die Unterkante des Anfangs-

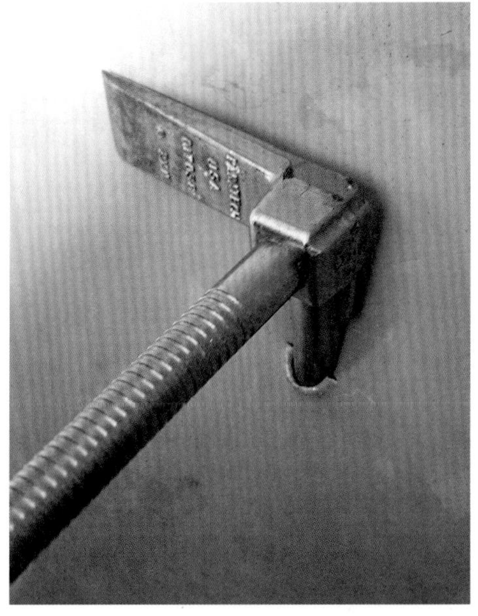

Bild 43: ***Durch Aufbiegen wird das geschaffene Loch für den Einsatz weiterer Werkzeuge vorbereitet.***

loches hervorzuhebeln (▶ Bild 43). Dies erleichtert das Ansetzen weiterer Gerätschaften (▶ Bild 44).

Bild 44: ***Arbeiten mit der Metallschneidklaue vom geschaffenen Ansatzpunkt aus***

12.3 Schneide – Vorbereitung Spreizereinsatz

Reicht die Größe eines Türspaltes zum Ansetzen der Spreizerspitzen nicht aus, kann mit der Schneide des Halligan-Tools schnell und erschütterungsfrei ein geeigneter Ansatzpunkt erstellt werden.

Dazu wird die Schneide ausreichend tief in den Türspalt geführt und anschließend um 90° verdreht (▶ Bild 45). Dadurch verbreitert sich der Spalt und die Spreizerspitzen können besser angesetzt werden. Ist mehr Raum erforderlich, kann der

Bild 45: ***Verdrehen der Schneide im Türspalt eines Pkw, um den Ansatzpunkt zu vergrößern***

Vorgang ober- und/oder unterhalb des ersten Ansatzes wiederholt werden.

12.4 Metallschneidklaue

Müssen nach einem Verkehrsunfall Kotflügel, Hauben oder andere Bauteile aus Kunststoff, Metall, Magnesium o. Ä. beseitigt werden, kann die Metallschneidklaue gute Dienste leisten. Mit ihrer Hilfe lassen sich Elemente meist leicht abtrennen oder Stücke herausschneiden. Auf diese Weise können z. B. geeignete Ansatzpunkte geschaffen werden.

13 Motorhauben öffnen

Das Öffnen einer Motorhaube gestaltet sich häufig langwieriger als erwartet. In Verbindung mit einem Hilfeleistungssatz lässt sich eine Öffnung schnell und einfach durchführen. Unter Einsatz von zwei Feuerwehrangehörigen kann zwischen einer Öffnungsvariante mit der Hebelklaue oder dem Dorn gewählt werden.

13.1 Verwendung der Hebelklaue

Vorgehensweise:
»Einsatzkraft 1« biegt mit der Hebelklaue die Ecken der Motorhaube an der Scharnierseite hoch. Die auf diese Weise freigelegten Scharniere können durch »Einsatzkraft 2« mit einer Rettungsschere, einem Pedalschneider o. Ä. durchtrennt werden. Nach erfolgtem Durchschneiden lässt sich die Haube über das Schloss nach vorne biegen.

Achtung:

Sicherungsmaßnahmen gegen ein Zurückklappen der Motorhaube ergreifen!

13.2 Verwendung des Dorns

Vorgehensweise:
»Einsatzkraft 1« setzt den Dorn an einer Ecke der Haube im Bereich der Scharniere auf dem Blech an. »Einsatzkraft 2« schlägt den Dorn ein. Durch Hebeln des Halligan-Tools biegt »Einsatzkraft 1« die Ecken hoch (▶ Bild 46). Die freigelegten Scharniere können nun wie bereits beschrieben getrennt und die Haube umgebogen werden.

Bild 46: ***Eingeschlagener Dorn und durch Hebeln freigelegtes Scharnier***

13.3 Offenhalten von Motorhauben

Um nicht lange nach dem fahrzeugeigenen Haltestab zum Offenhalten der Motorhaube suchen zu müssen, kann an seiner Stelle auch ein Halligan-Tool verwendet werden.

14 Frontscheiben entfernen

Als Alternative zu einer Glassäge kann auch mit dem Halligan-Tool ein Trennschnitt in einer Frontscheibe (Verbundglasscheibe) durchgeführt werden. Hierzu ist zunächst eine Anfangsöffnung in der Frontscheibe zu schaffen, wenn noch keine vorhanden ist. Zum anschließenden Durchtrennen der Frontscheibe kann die Hebel- oder die Metallschneidklaue des Halligan-Tools verwendet werden.

Tipp:

Um ein Einschlagen auf die Frontscheibe zu vermeiden, empfiehlt sich die Schaffung einer Anfangsöffnung durch den Einsatz einer Rettungsschere. Beim Trennen der vorderen Fahrzeugsäulen (A-Säulen) erfolgt der Schnitt automatisch auch in das Glas der Frontscheibe. Auf diese Weise müssen nur noch die beiden Einschnitte miteinander verbunden werden.

15 Entfernen von Verkleidungen

Großflächige Verkleidungsteile oder Abdeckungen können Rettungsarbeiten behindern, indem sie beispielsweise einen Werkzeugansatzpunkt verdecken oder die Sicht für eine detaillierte Erkundungsmaßnahme versperren. Mit einem Halligan-Tool lassen sie sich schnell und mühelos durch Hebeln entfernen oder an die Seite biegen (▶ Bild 47). So besteht z. B. die Möglichkeit, Gasgeneratoren in Fahrzeugen aufzufinden oder Maschinenteile freizulegen.

Bild 47: ***Wegbiegen bzw. Wegbrechen von Verkleidungselementen***

16 Gasdruckdämpfer aushebeln

Vor der Entfernung von Heckklappen, Hauben o. Ä. lassen sich verbaute Gasdruckdämpfer unter Einsatz des Halligan-Tools leicht aushaken. Auf diese Weise ist eine kontrollierte Entfernung des Bauteils möglich.

Vorgehensweise:
Der Gasdruckdämpfer wird mit den Schenkeln der Klaue aufgenommen und durch Druck gegen den Fensterrahmen o. Ä. ausgehakt (▶ Bild 48).

Bild 48: ***Aushebeln eines Gasdruckdämpfers***

17 Freilegen verdeckter Bereiche

Im Rahmen einer Erkundung oder Rettungsmaßnahme kann es notwendig sein, tiefer und verdeckt liegende Bauteile oder Strukturen einsehen oder freilegen zu müssen, damit ein weiteres Vorgehen beurteilt und abgestimmt werden kann. Zur Freilegung, z. B. von Maschinenteilen, aber auch um Bleche und Verbundwerkstoffe o. Ä. trennen zu können, eignet sich ein Halligan-Tool mit einer Metallschneidklaue oder ein Standardtool in Verbindung mit einem Blechaufreißer.

Vorgehensweise:
Den Dorn einschlagen, in das Loch die Metallschneidklaue ansetzen und so die Materialien auftrennen. Behelfsmäßig ist auch ein Halligan-Tool mit einer Hebelklaue dazu geeignet.

18 Weitere Verwendungsmöglichkeiten

Neben den bisher vorgestellten Möglichkeiten bietet sich das Halligan-Tool für zahlreiche weitere Arbeiten an. Einige Beispiele werden im Folgenden vorgestellt. Eine intensive Beschäftigung mit dem Halligan-Tool im Einsatz- und Übungsdienst wird immer wieder neue Einsatzmöglichkeiten entstehen lassen oder bereits etablierte Maßnahmen dem Stand der Technik anpassen.

18.1 Öffnen von Schachtabdeckungen

Schachtabdeckungen jeglicher Art (z. B. Hydrantendeckel oder Abdeckgitter) lassen sich unter Nutzung des Dorns, der Schneide oder der Klaue öffnen (▶ Bild 49).

Bild 49: ***Öffnen einer Schachtabdeckung***

18.2 Nageleisen

Die Hebelklaue der meisten Halligan-Tools ist so ausgestaltet, dass sie auch als Nageleisen eingesetzt werden kann.

18.3 Entfernen von Rücklichtern/ Scheinwerfern

Zum sicheren und stabilen Anbringen von Abstütz- und Stabilisierungssystemen kann durch Herausbrechen von Rücklichtern oder Scheinwerfern ein fester Ansatzpunkt geschaffen werden. Hierzu mit dem Dorn in Rücklichter oder Scheinwerfer einschlagen und diese herausreißen. Die zurückbleibende Einbaunische stellt einen adäquaten Ansatzpunkt dar.

Literatur-Tipp:

Liedtke, Björn: Sichern und Stabilisieren von Fahrzeugen, 2. Auflage, W. Kohlhammer GmbH, 2022.

18.4 In-Stellung-bringen von Rüsthölzern

Mittels eines Halligan-Tools können Rüsthölzer in die gewünschte Position geschoben, gezogen oder korrigiert werden, ohne dass die Hände und Arme der Einsatzkräfte in ein- oder absturzgefährdete Bereiche gehalten werden müssen (▶ Bild 50).

Tipp:

Der durch das Halligan-Tool »verlängerte« Arm eignet sich auch, um andere Gerätschaften oder Gegenstände in einen Gefahrenbereich zu bringen oder herauszuholen.

Bild 50: ***Gefahrloses In-Stellung-bringen von Rüstholz mit dem Halligan-Tool***

18.5 Einreißhaken

Das Halligan-Tool kann auch als kurzer Einreißhaken eingesetzt werden. Dazu das Tool an der Hebelklaue sowie am Schaft fassen und den Dorn in die Materialien schlagen und diese herunterreißen.

Achtung:

Hierbei ist genau zu beurteilen, was heruntergerissen wird. Aufgrund der geringen Länge des Halligan-Tools befindet man sich schnell im Bereich herabstürzender Gegenstände und Bauelemente.

19 Sicherheitshinweise

Bei Verwendung des Halligan-Tools tragen die Beachtung und Umsetzung folgender Sicherheitshinweise zu einem sicheren Umgang bei:

- Mit dem Halligan-Tool arbeitende oder unterstützende Einsatzkräfte müssen über ausreichende Kenntnisse im Umgang mit diesem Werkzeug verfügen und eine geeignete Schutzausrüstung tragen (Helm, Gesichtsschutz, Schutzbrille, Handschuhe, Schutzschuhwerk etc.).
- Laut FwDV 1 »Grundtätigkeiten – Lösch- und Hilfeleistungseinsatz« darf eine Feuerwehraxt mit Holzstiel aus Sicherheitsgründen nicht als Spaltkeil, Hammer oder Hebel verwendet werden.
- Nur notwendiges Personal hält sich in der unmittelbaren Nähe des eingesetzten Halligan-Tools auf.
- Keine Finger, Hände, Füße etc. in Bereiche halten, in denen mit dem Halligan-Tool oder auf das Halligan-Tool geschlagen, gestoßen o. Ä. wird.
- Auf wegspringende Teile wie Schrauben, Glas- oder Metallstücke achten.
- Nicht sorglos mit dem Halligan-Tool umgehen, sondern immer aufmerksam damit arbeiten und Schutzmaßnahmen für Verletzte, ausführende sowie unterstützende Kräfte treffen. Dies auch in die Aus- und Fortbildung mit einfließen lassen.
- Sicheres Einschlagen der Hebelklaue: Hände parallel mit ausreichend Abstand zum Körper nach vorne

strecken. Die Handrücken zeigen nach oben, die Hände umgreifen locker das Halligan-Tool, damit es beim Schlagen durch die Handflächen gleiten kann.

- Die Kommunikation im Trupp abstimmen. Nur schlagen, wenn dies angefordert wird und auf Kommandos wie »Schlag« und »Stopp« einigen.
- Beim Ablegen/Abstellen des Halligan-Tools darauf achten, es mit dem Dorn zum Boden hin abzulegen bzw. zur Wand hin anlehnen.
- Markierungen auf der Hebelklaue und der Schneide anbringen. Dies hilft die Einschlagtiefe beurteilen zu können.
- Hebelklaue und Schneide immer ca. 15 cm über oder unter dem Schließzylinder positionieren. Ist man zu nah am Zylinder, besteht die Gefahr ihn zu treffen. Ist man zu weit entfernt, federt die Tür zu sehr.
- Keine spannungführenden Leitungen herunterreißen oder kappen.
- Wird das Halligan-Tool zusammen mit anderen Werkzeugen aus Stahl (z. B. Axt zum Einschlagen) eingesetzt, muss die Werkzeugharte darauf abgestimmt sein.

20 Hinweise zur Aus- und Fortbildung

Eine gute Aus- und Fortbildung ist die Grundlage für einen sicheren Umgang mit dem Halligan-Tool und den gewünschten Einsatzerfolg. Fortbildungsmaßnahmen sollten in regelmäßigen Abständen erfolgen, da zur sicheren Beherrschung der verschiedenen Vorgehensweisen viele Übungseinheiten erforderlich sind.

Allerdings bedarf es auch geeigneter Übungsobjekte wie z. B. Abrisshäuser. Man kann sich bei zuständigen Behörden oder Abrissunternehmen nach geeigneten Gebäuden erkundigen und die erforderliche Erlaubnis zur Nutzung einholen. Häufig fehlen jedoch entsprechende Gebäude für den Übungsdienst. Alternativ können die Grundlagen der Schlag- und Hebeltechniken an liegenden oder aufgestellten Paletten geübt werden. Es gibt auch spezielle Übungstüren, die gut in die Aus- und Fortbildung integriert werden können (▶ Bild 51).

Bild 51: *Übungstür (Quelle: Christian Schmidt, I. F. T. W.)*

21 Hinweise zur Wartung

Nach dem Gebrauch ist die Halligan-Einsatzkombination zu reinigen und auf Beschädigungen hin zu überprüfen. Rost oder andere Anhaftungen sind zu entfernen. Bei festgestellten Schäden ist die Einsatzkombination vom Fahrzeug zu nehmen und als nicht einsatzbereit zu kennzeichnen.

22 Fazit

Das Halligan-Tool erfährt hoffentlich weiterhin eine große Akzeptanz und Verbreitung. Dazu soll dieses Rote Heft beitragen. Bei aller Euphorie gilt es jedoch zu beachten, dass auch das Halligan-Tool Anwendungsgrenzen hat und mit ihm nicht immer alle Situationen beherrscht werden können.

Bei der Beschaffung eines Halligan-Tools sollte auf eine brauchbare Länge geachtet werden, um eine handliche Einsatzkombination erstellen zu können. Weiterhin sollte eine stabile Ausführung gewählt werden, um sicher und effektiv arbeiten zu können, ohne das Werkzeug zu beschädigen.

Neben dem Angriffstrupp sollte auch der Sicherheitstrupp mit einer Einsatzkombination ausgestattet sein, um ihm so die Schaffung alternativer Rettungswege zu ermöglichen.

Abschließend sei noch einmal darauf hingewiesen, dass ein Schlagen mit einer Holzaxt aufgrund sicherheitstechnischer Hinweise in der FwDV 1 nicht erlaubt ist. Bilder in diesem Heft, auf denen eine Holzaxt zu sehen ist, sollen nur die Möglichkeit vorstellen, eine Axt in dieser Form verwenden zu können. Auf ein geeignetes Produkt ist zwingend in Eigenverantwortung zu achten.

Über Hinweise und Vorschläge aus der Praxis, die der Verbesserung dieses Heftes dienen, freue ich mich sehr. Dazu können Sie mir gerne eine Nachricht über den Kohlhammer Verlag schicken.

Literaturhinweise

FDNY Forcible Entry Reference Guide Techniques and Procedures (Manual), 2006.

Feuerwehr-Dienstvorschrift (FwDV) 1 »Grundtätigkeiten – Lösch- und Hilfeleistungseinsatz«.

Hüsch, F.: Türöffnung, Die Roten Hefte 215, 4. Auflage, W. Kohlhammer GmbH, Stuttgart, 2018.

Indiana Mandatory Firefighter Training, module 8 forcible entry, Version 1.0 (Manual), 2007.

Liedtke, B.: Das Halligan-Tool, BRANDSCHUTZ/Deutsche Feuerwehr-Zeitung 8/2008, S. 563 ff.

Liedtke, B.: Sichern und Stabilisieren von Fahrzeugen, 2. Auflage, W. Kohlhammer GmbH, 2022.

Liedtke, B.: Hubrettungsfahrzeuge im technischen Hilfeleistungseinsatz, W. Kohlhammer GmbH, 2019.

Liedtke, B.: Hubrettungsfahrzeuge im Brandeinsatz, W. Kohlhammer GmbH, 2024.

Mäschle, J.: Studienarbeit Forcible Entry (Zugangstechniken für Feuerwehren), Bergische Universität – Gesamthochschule Wuppertal, 2001.

Queensland Fire and Rescue Service, Hooligan Tool (Manual), 2005.

Anhang

Tabelle 1: ***Technische Daten der Standardausführungen***

Halligan-Tool ausgestattet mit …	Material	Länge [mm]	Gewicht [g]
Hebelklaue	gehärteter Stahl	610	4 200
Hebelklaue	gehärteter Stahl	760	4 800
Hebelklaue	gehärteter Stahl	910	5 400
Hebelklaue	gehärteter Stahl	1 060	6 000
Metallschneidklaue	gehärteter Stahl	760	4 800
Metallschneidklaue	gehärteter Stahl	910	5 400
Metallschneidklaue	gehärteter Stahl	1 060	6 000

Tabelle 2: ***Technische Daten von Sonderausführungen***

Halligan-Tool ausgestattet mit …	Material	Länge [mm]	Gewicht [g]
Hebelklaue nicht funkenreißend	Kupfer-Beryllium	760	3 300
Metallschneidklaue nicht funkenreißend	Kupfer-Beryllium	760	3 200
Hebelklaue geschmiedet aus einem Stück	Stahllegierung	760	4 400
Hebelklaue leichte Ausführung	Aluminium	610	3 100

Tabelle 2: ***Technische Daten von Sonderausführungen – Fortsetzung***

Halligan-Tool ausgestattet mit ...	Material	Länge [mm]	Gewicht [g]
Hebelklaue leichte Ausführung	Aluminium	760	3 300

Tabelle 3: ***Technische Daten von Hilfsmitteln und ergänzenden Werkzeugen***

Hilfsmittel	Material	Länge [mm]	Gewicht [g]
Spaltaxt	Stahl/Holz	900	2 700
TopCut™-Axt	Stahl/Glasfaser	930	4 200
Spalthammer	Stahl/Holz	900	4 200
Spalthammer	Stahl/Glasfaser	900	5 900
TNT-Tool	Stahl/Glasfaser	1 020	6 100
Tragesystem	Gurtband	1 300	210

Hinweis für die Tabellen 1 bis 3:

Aufgrund von technischen Weiterentwicklungen sind bei den angegebenen Werten Abweichungen möglich.